小關鈴子的自然風拼布

點點、條紋、花樣圖案的
居家與戶外生活雜貨

小關鈴子 著

朱雀文化

翻開日記裡那段和奶奶一起生活的日子，
拼布總是靜靜地陪伴著我們。
真想讓時光倒流，
回到那段令人懷念的日子，
再感受拼布帶來的絲絲溫暖。
那麼，
歡迎進入我的拼布世界！

My quilt diary

contents

At home....

At home....

Tea cozy 茶壺保溫套 ------------. 做法 p.58

1997
1998
1999

Plate mat 餐墊 ------------ 做法 p.25,60

Pan mat 鍋墊 ------------. 做法 p.62

At home....

在人煙稀少、秋意悄悄襲來的某一天，
踏上拜訪奶奶家的旅程。
每天重複著答應奶奶的拼布作業，
更從奶奶那兒
學習到許多技巧和生活經驗。

At home....

Coaster 杯墊 ------------. 做法 p.60

At home....

我的第一件縫紉作品，
是一雙可愛的室內拖鞋。
印象中在奶奶的縫紉箱裡，
放著許多碎布，
讓我在童年時就和洋裝、罩衫的碎布，
結下不可思議的緣分。

Room shoes 室內拖鞋 ------------. 做法 p.64

17

At home....

At home....

Mat 踏墊 ------------. 做法 p.66

Cushion 抱枕 ------------. 做法 p.68

Purse 口金包 ------------. 做法 p.67

Mini pouch 可愛小包 ------------. 做法 p.72

兒時的服飾、布娃娃、心愛的布偶玩具、

母女親子裝大衣的碎布……

全都安靜地躺在奶奶的縫紉箱中。

「這些都是製作拼布最珍貴的材料啊！」奶奶對我說。

Patchwork
lesson note

從零開始學拼布

Plate mat 餐墊 ----------- p.8

製作拼布作品的第一步，就是先畫好「版型」，再進行「裁剪」、「縫製」的步驟，才算大功告成。接下來是以 p.8 的餐墊為操作範例，只要將四個角縫好，可愛的餐墊就完成囉！

Tools

製作版型的必備工具

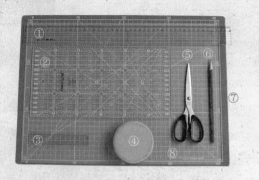

①透明長尺　　　透明且有平行線刻度的長尺，多在製作大尺寸的版型時使用。

②拼布專用尺　　尺身有正方形和斜線刻度，各種圖形的版型都很適用。
　（方格型）

③透明短尺　　　透明短尺，尤其精細繪圖時更少不了它。

④紙鎮　　　　　描圖和裁剪時使用紙鎮，可避免畫錯或剪壞布料。

⑤剪刀　　　　　專門用來裁剪版型

⑥鉛筆　　　　　製作版型或在布上描繪圖案時，建議使用「B」色階的鉛筆。

⑦切割墊　　　　切割版型，或者以滾輪刀裁切布料時使用。

⑧拼布專用紙型版　製作版型用。有了這種版型，無論在描繪布片或裁剪印花布時，都能清楚看見線稿和圖案，相當方便。使用時，將較粗糙的那一面朝上，放在布下方操作。

裁縫布料的必備工具

〈針〉

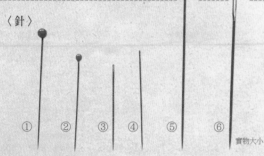

實物大小

①拼布用珠針　　　針端的圓珠較小，布料穿刺性佳。

②貼布繡用珠針　　特殊設計、超短型的珠針，頭和針較不會影響貼布繡的操作。

③壓縫針　　　　　針尖較細，易於穿刺布料，操作順暢且線美觀。

④貼布手縫針　　　針本身較軟，布料的穿透性佳。

⑤疏縫手縫針　　　針較粗且針孔加長，輕易地就能穿透布料和鋪棉。

⑥刺繡針　　　　　針孔較大的專用針，能同時穿過多條線使用。

〈線〉

a　壓縫線　　　進行拼布或壓線時使用，應選擇和布相近顏色的線。

b　疏縫線　　　這種圓軸型的線，有利於疏縫的操作。

c　繡線　　　　圖中的繡線較粗，單股即可手縫，約為2股25號繡線的粗細。

①②④　頂針指套　在壓縫時，入針出針時可保護手指。圖中①是金屬製，②是塑膠製，④是陶製。

③　防滑套　　　套在右手的食指或拇指上，避免針脫手滑落。

⑤⑥　頂針　　　套在右手的中指上，出入針時使用。

〈指套〉

〈其他工具〉

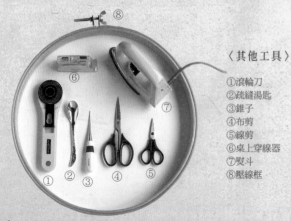

①滾輪刀　　　又叫裁布刀。只要順著長尺在布料上輕輕劃過，就能輕鬆裁剪出筆直的布。

②疏縫湯匙　　在進行壓縫時，利用湯匙壓著布料，就很容易將針推出表布。（參照p.30的point）

③錐子　　　　可將摺回正面的布料挑出漂亮的角度，或在縫紉機車縫時幫助送布。

④布剪　　　　專門用來裁剪布料的剪刀。

⑤線剪　　　　體積小、刀刃尖銳，有助於剪斷線頭。

⑥桌上穿線器　將針和線放好位置，再按一下按鈕，不費吹灰之力就穿好線囉！

⑦熨斗　　　　因熨燙的部分較細微，建議使用迷你熨斗。

⑧壓線框　　　壓線或刺繡時，可利用壓線框框住布料再操作。

*此外，擅用止滑墊等工具更能加快拼布的速度喔！
（可在厚紙板貼上紙或防滑的東西，參照p.27的Lesson II的1～3）

製作版型

1

將專用紙型版較粗糙的那面朝上，放上實物大小或放大後的版型圖，以紙鎮固定，沿著直尺描繪圖案。

2

以剪刀、直尺沿著描繪的線，裁剪出版型。若版型的片數較多，記得先做好記號，同時畫出布紋線。

裁剪布料

Lesson II

1

將版型放在布料上，布料下墊好止滑墊。版型放在距離布邊1～2公分處，手指固定好，利用鉛筆在四角做標記。

2

布料上會出現圖1標好的4個黑點的記號。

3

移走版型，以直尺對好4個黑點描繪出直線。記得描好的直線要比原來的黑點記號略長。

4

描繪好囉！

5

在版型的周圍預留0.7公分的縫份，剪裁布料。長尺放在布上，將0.7公分刻度記號處對準鉛筆線，壓緊長尺，用滾輪刀從靠自己這邊往對向裁布。

6

這是裁好的布片。若利用剪刀裁布，記得要先以鉛筆畫出0.7公分的縫份，再以剪刀筆直裁下。

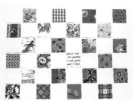

7

含0.7公分縫份的48片布片全部裁好囉！按照作品完成的樣子，試著將所有布片配好顏色、排列好。

Lesson III

縫合的順序

＊首先，如圖將A列的布片縫合。
＊為了讓讀者易於辨識，這裡以紅線表示，實際操作時，可選擇適合布料顏色的線。

將 a 和 b 布片
縫合

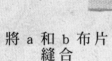

I
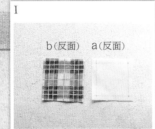
b（反面）　　a（反面）

先將a和b布片縫合。

2

將a、b布片正面對正面且標記也
要對齊，以珠針在起縫處、中間
和止縫處固定好布片。

3
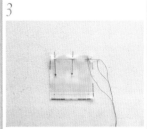

預留約50公分長的線頭，並取其中
一根線打一個線結（參照p.60）。
在距所描點的0.5公分處入針，回
一針後開始縫（參照p.61）。

4
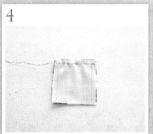

沿著描繪的線縫，縫到距標記點
外0.5公分處。

5

以手指將皺起的布料拉平。

6
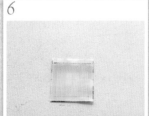

在剛才止縫處回一針後打一個
結，剪斷線。

7

將縫份倒向b側，翻回正面之後再
以熨斗燙平。

8
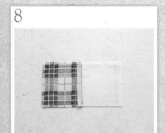

a和b布片縫合完成。圖中為反面。

將 a、b
和 c、d 布片縫合。

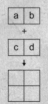

I
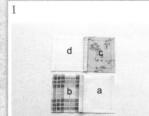

將c、d布片同「a、b布片」的縫製
方式般縫好，縫份則倒向c側。

2

將a、b和c、d布片正面對正面且標
記也要對齊，如圖以珠針暫時固
定好布片。

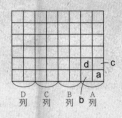

餐墊(→p.8)的材料

拼布用布（素色、印花等）……適量
裡布（素色）……45×35公分
斜布條（印花）……40×25公分
鋪棉……45×35公分
製圖→p.60

D　C　B　b　A
列　列　列　　列

3

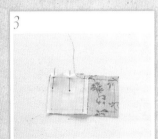

參照「a、b布片」的縫製方法縫好，縫份以回針縫縫好。

4

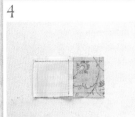

縫到距標記點外0.5公分處，打一個結，剪斷線。

5

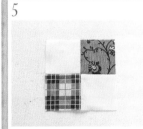

將縫份倒向a、b布片那一側，正面以熨斗燙平。

6

反面如圖所示。

縫合 A 列

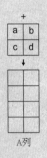

| a | b |
| c | d |

↓

A列

I

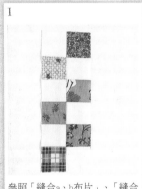

參照「縫合a、b布片」、「縫合a、b和c、d布片」的方法，縫合A列。

2

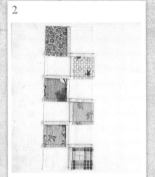

反面如圖所示。這時縱向布片的縫份交替倒向兩邊，橫向布片的縫份全部倒向下邊。

縫合 A、B、C、D列

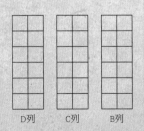

D列　　C列　　B列

I

參照縫合A列的方式，縫好B、C、D列的布片，並分別將各列縫合。

2

反面如圖所示。

Lesson
IV

＊在完成的拼布片上壓線，能讓作品更美觀，所以壓線相當重要。
＊完美壓線的秘訣，在於從中心向四周壓縫。無論是平行線或反面的線都這樣縫，線才不會歪斜喔！

壓線的方法

1

先畫好壓線。以鉛筆在拼布布面畫上對角線，再如圖所示，於寬邊的中間畫上平行線。

2

反方向的斜線也以相同畫法畫好。

3

進行疏縫。將鋪棉和拼布表面疊放在裡布上面，以珠針固定好。先從中心部位布片的正中心，做直橫線疏縫。

4

記住遵守中心部位向四周的原則，每塊布片都是由中心開始做直橫線疏縫。

point

進行疏縫時，以疏縫湯匙的底部壓著布料，針尖如同將湯匙前端頂起來般，就很容易將針推出表布。

5

將4完成疏縫的拼布以壓線框框好。框周圍的小布片或布邊，可在縫製時用作墊布。也可利用對摺的床單布或較薄的毛巾疏縫在拼布的布邊來縫製。

6

進行壓線。從布正面中心附近的縫針處入針，從起縫處起針，縫一針後出針。接著做回針縫，以0.1～0.2公分的針距進行壓線。

7

完成壓線囉！

Lesson
V

滾邊條的方法

1

拼布的角裁切成圓形。將直徑5～6公分的圓形器皿或空瓶蓋放在拼布專用紙型版上，描出圓弧。

2

將裁剪好的專用紙型版放在拼布上，對齊位置後畫好圓弧，再沿線裁剪。

3

在距離角7～8公分處放上斜布條（參照p.59），將拼布和斜布條邊緣對齊，以珠針固定好。

4

從斜布條內側約5公分處開始縫，開始時先做回針縫。

5

先縫完一圈，最後在距離斜布條約5公分處停止，將斜布條依正確的尺寸裁剪。

6

兩邊的斜布條縫好（參照p.59），縫份則倒向一邊以回針縫收尾。

7

拼布反面朝上，以斜布條包好布邊緣，以細針距鎖縫好。

8

鎖縫結束。

9

餐墊完成囉！

Lesson VI

機縫貼布繡

1

鋪棉疊放在表布上。將貼布繡的布放在表布上，從距布邊0.2～0.3公分處以縫紉機車縫。

2

將其他花樣的布或布條、緞帶，同樣以縫紉機縫好。這時也可以使用縫紉機的七巧縫功能。

3

按圖案外框剪下的貼布繡布，利用縫紉機的自由曲線壓線功能製作。

4

以平行方向機縫，調整縫紉機的壓布腳寬度，完成整塊拼布。

＊別小看碎布片或布邊，這些都能當成貼布繡的圖案使用，絕對不要隨意丟棄了！不需以剪刀裁剪得非常整齊，特意留下一些毛邊或改用手撕，自然的鬚邊更能呈現另一番風貌！

無論你是耐心十足、生活悠閒的手縫愛好者，

或是能巧妙操作縫紉機、強調速度的機縫一族，

這本書中的作品都很適合你。

尤其是機縫，更標記出布料的接縫位置，

只要將喜歡的布任意拼縫，意想不到的創作就這麼完成了！

即使壓線歪了也不必擔心，

細細體會拼布的樂趣，完成世界上獨一無二的作品！

In the outdoors....

待在奶奶家的日子裡，

我會前往最愛的森林、神秘的草丘，以及牧場探險。

閱讀喜歡的書，摘了許多豐滿的果實，當然還有心愛的拼布陪伴我！

Mini bag 迷你手提包 ------------. 做法 p.76

Shoulder bag 方形肩包 ------------. 做法 p.74

Shoulder bag 時尚牛角包 ------------. 做法 p.77

Sewing bag 縫紉包 ------------. 做法 p.80

「如同重視女孩子的言談舉止般，

要好好珍惜這個寶貝呀！」

在奶奶的聲聲叮嚀中，我收下了這個縫紉包。

Glasses case 眼鏡袋 -------------. 做法 p.81

Bag (make from kitchen cloth) 迷你手提包 ------------. 做法 p.82

Mini bag 迷你貼花圖案包 ------------. 做法 p.83

「大自然裡的花朵、樹木和枝葉的顏色，
都是拼布配色的靈感來源。」
奶奶偷偷地告訴我。

In the outdoors....

Shoulder bag 典雅肩背包 ----------- 做法 p.84

Flat bag 手提扁包 ------------. 做法 p.88

Yo-yo quilt bag Yo-yo 拼布包 ----------- 做法 p.86

「每片拼布圖案，

都能從大自然中獲得啟發和靈感。」

像小萬壽菊、紅菽草、甘菊、大波斯菊……

Book cover, Pet bottle case 布書衣、水壺套 ------------. 做法 p.89,90

滋潤久乾的喉嚨，

親近知識之泉……

這時，

還有總陪伴著我的拼布。

In the outdoors....

Quilt 拼布毯 -------------. 做法 p.91

Shoulder bag實用肩背包 ----------- 做法 p.92

Fastener bag 拉鍊手提方包 ------------. 做法 p.94

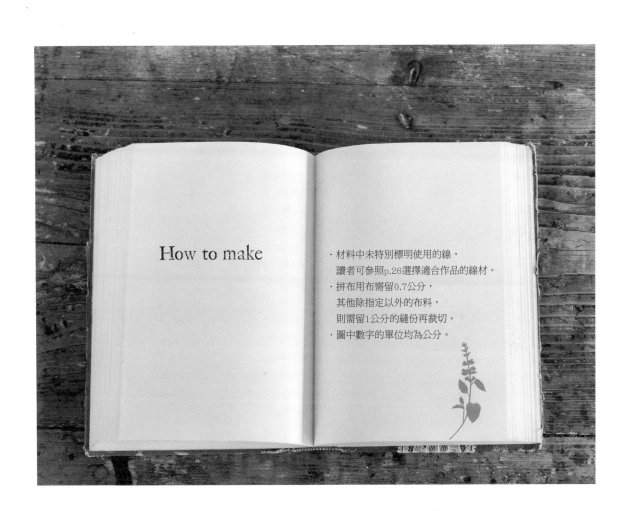

How to make

· 材料中未特別標明使用的線，
　讀者可參照p.26選擇適合作品的線材。
· 拼布用布需留0.7公分，
　其他除指定以外的布料，
　則需留1公分的縫份再裁切。
· 圖中數字的單位均為公分。

材料

拼布用布（印花布等）……各種適量
正面邊緣布、滾邊布（亞麻布）……35×30公分
裡布、鋪棉、墊布……各35×40公分

做法

1 拼布後縫合表側布。

2 縫合邊緣布，依序疊放鋪棉、墊布，進行壓線。

3 縫合兩邊。

4 排放好表布和裡布，下側以滾邊布包起來縫好，上側的開口摺疊好。

5 縫合上側，以滾邊布包好。

〔實物大小版型〕

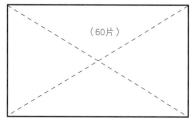

（60片）

＊預留0.7公分的縫份後裁剪

〔製圖〕

表布（2片）

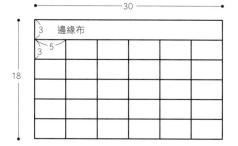

30
18
3 邊緣布
5
3

裡布（2片）

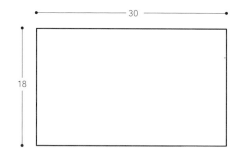

30
18

＊預留1公分的縫份後裁剪

1
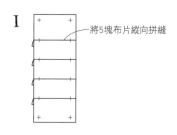
將5塊布片縱向拼縫

縫合
表布（正面）
將縫份倒向下側

2
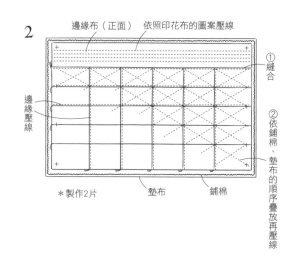
邊緣布（正面）　依照印花布的圖案壓線
邊緣壓線
①縫合
②依鋪棉、墊布的順序疊放再壓線
＊製作2片　墊布　鋪棉

3

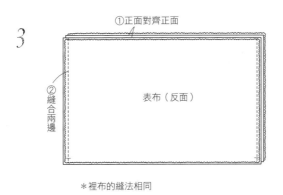

①正面對齊正面

②縫合兩邊

表布（反面）

＊裡布的縫法相同

4

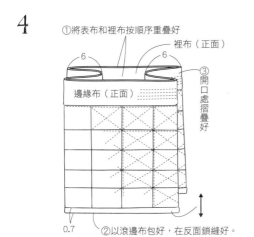

①將表布和裡布按順序重疊好

裡布（正面）

6　　6

③開口處摺疊好

邊緣布（正面）

0.7

②以滾邊布包好，在反面鎖縫好。

5

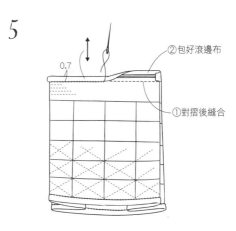

0.7

②包好滾邊布

①對摺後縫合

〔裁剪斜布條〕

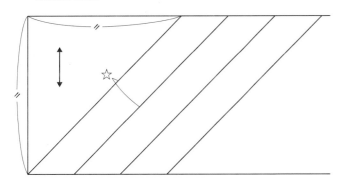

☆

☆部分大約是滾邊寬的4倍，像：成品為1公分寬，斜布條則是4公分寬。

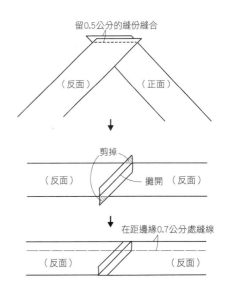

留0.5公分的縫份縫合

（反面）　　（正面）

剪掉

（反面）　　攤開　（反面）

在距邊緣0.7公分處縫線

（反面）　　　（反面）

材料（1個份量）

拼布用布（印花布等）⋯⋯各種適量

裡布、鋪棉⋯⋯各15×15公分

做法

1 參照p.28、29拼布後縫合表布。

2 將鋪棉放在表布上，和裡布正面對齊正面縫合。

3 翻回正面進行壓線。

〔實物大小版型〕

＊杯墊和餐墊都適用這個版型

杯墊（4片）
餐墊（48片）

＊預留0.7公分的縫份後裁剪

〔製圖〕 杯墊
表布、裡布（各1片）

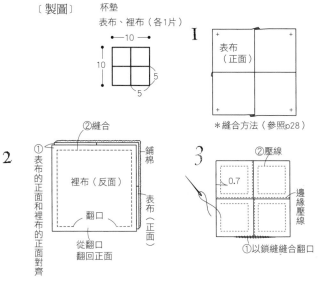

I

表布
（正面）

＊縫合方法（參照p28）

2

①表布的正面和裡布的正面對齊
②縫合
裡布（反面）
鋪棉
表布（正面）
翻口
從翻口翻回正面

3
②壓線
0.7
①以鎖縫縫合翻口
邊緣壓線

〔製圖〕 餐墊（參照p.25）
表布、裡布（各1片）

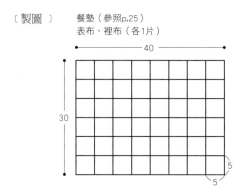

〔基本縫法〕

〈 打結 〉　　　　　　　　〈 收線打結 〉

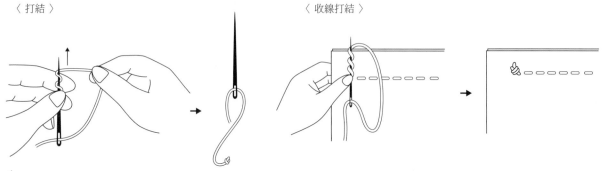

材料（1個份量）

拼布用布（印花布等）……各種適量
裡布（含斜布條在內）……20×55公分
鋪棉……20×20公分
花樣緞帶……寬1.2×長15公分

做法

除了緞帶製作以外，其餘做法同p.28～31的餐墊做法。

〔實物大小版型〕

（25片）

＊預留0.7公分的縫份後裁剪

表布、裡布（各1片）

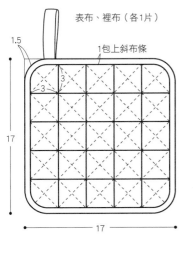

1.5
1包上斜布條
3
3
17
17

裡布（正面）

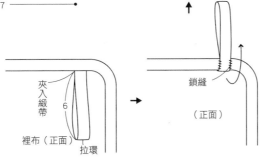

夾入緞帶
6
裡布（正面）
拉環

鎖縫
（正面）

①表布、裡布（各1片）

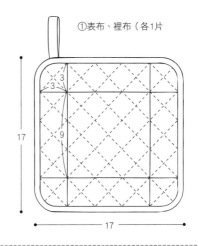

3
3
17
9
17

〈 平針縫 〉

〈 回針縫 〉

〈 鎖縫 〉

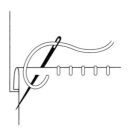

材料（1個份量）

表布、裡布（亞麻布等）……25×25公分
貼布繡、滾邊布（印花布等）……各種適量
鋪棉……25×25公分
緞帶……寬2×長20公分或30公分

做法

參照p.31，以縫紉機將喜愛的碎布做好貼布繡。

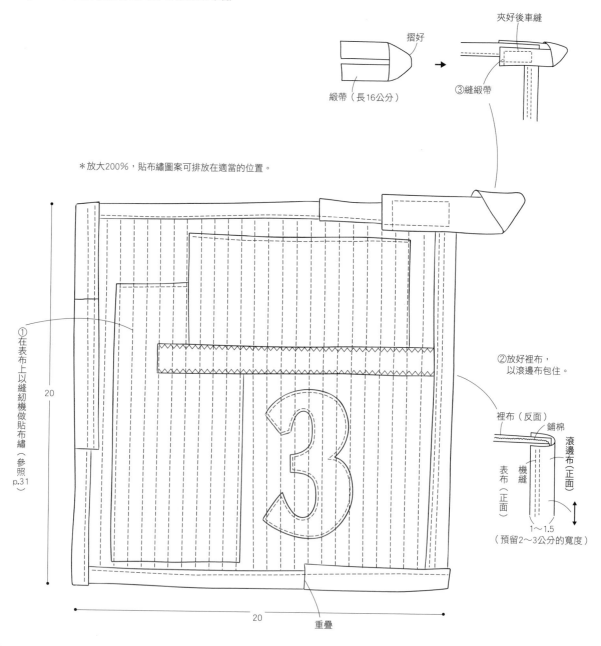

夾好後車縫

摺好

緞帶（長16公分）

③縫緞帶

＊放大200%，貼布繡圖案可排放在適當的位置。

①在表布上以縫紉機做貼布繡（參照p.31）

20

②放好裡布，以滾邊布包住。

裡布（反面）

鋪棉

滾邊布（正面）

表布（正面）

機縫

1～1.5

（預留2～3公分的寬度）

20

重疊

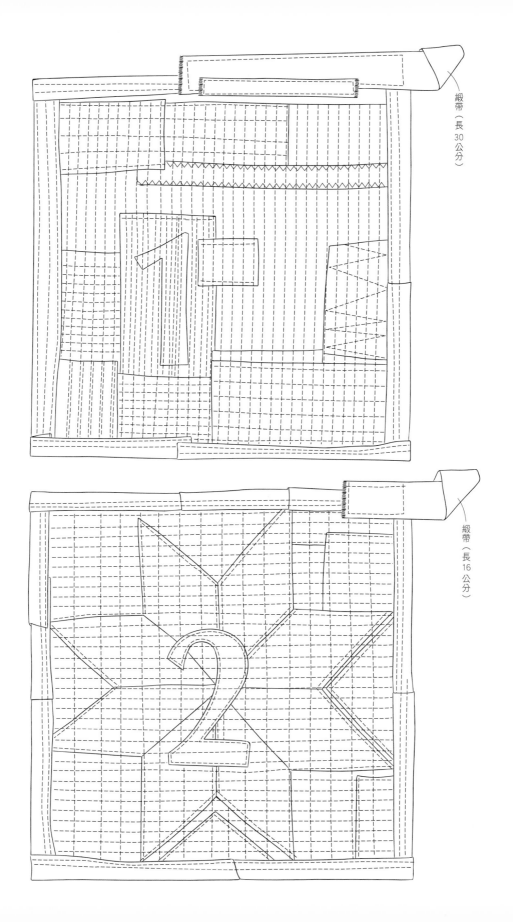

緞帶（長30公分）

緞帶（長16公分）

材料

鞋表布（亞麻布）⋯⋯30×40公分
拼布用布（印花布等）⋯⋯各種適量
鞋後跟（條紋布）⋯⋯20×20公分
鞋底布（點點布）⋯⋯25×30公分
裡布、鋪棉⋯⋯各50×30公分

做法

預留多一點的縫份裁剪，以縫紉機做好貼布
繡後，依照版型裁剪下來。

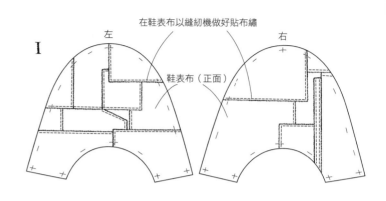

I
在鞋表布以縫紉機做好貼布繡
左　右
鞋表布（正面）

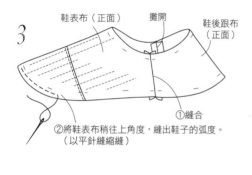

3
鞋表布（正面）　攤開　鞋後跟布（正面）
①縫合
②將鞋表布稍往上角度，縫出鞋子的弧度。
（以平針縫縮縫）

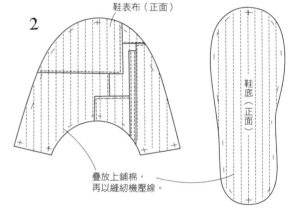

2
鞋表布（正面）
鞋底（正面）
疊放上鋪棉，
再以縫紉機壓線。

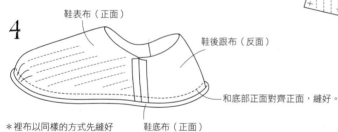

4
鞋表布（正面）
鞋後跟布（反面）
和底部正面對齊正面，縫好。
＊裡布以同樣的方式先縫好
鞋底布（正面）

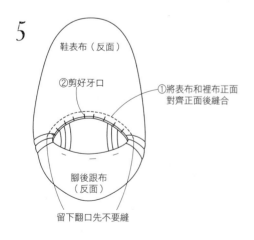

5
鞋表布（反面）
②剪好牙口
①將表布和裡布正面
　對齊正面後縫合
腳後跟布
（反面）
留下翻口先不要縫

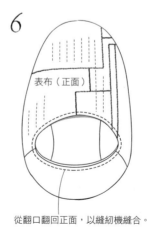

6
表布（正面）
從翻口翻回正面，以縫紉機縫合。

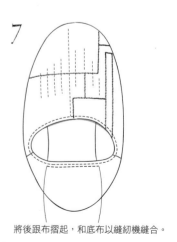

7
將後跟布摺起，和底布以縫紉機縫合。

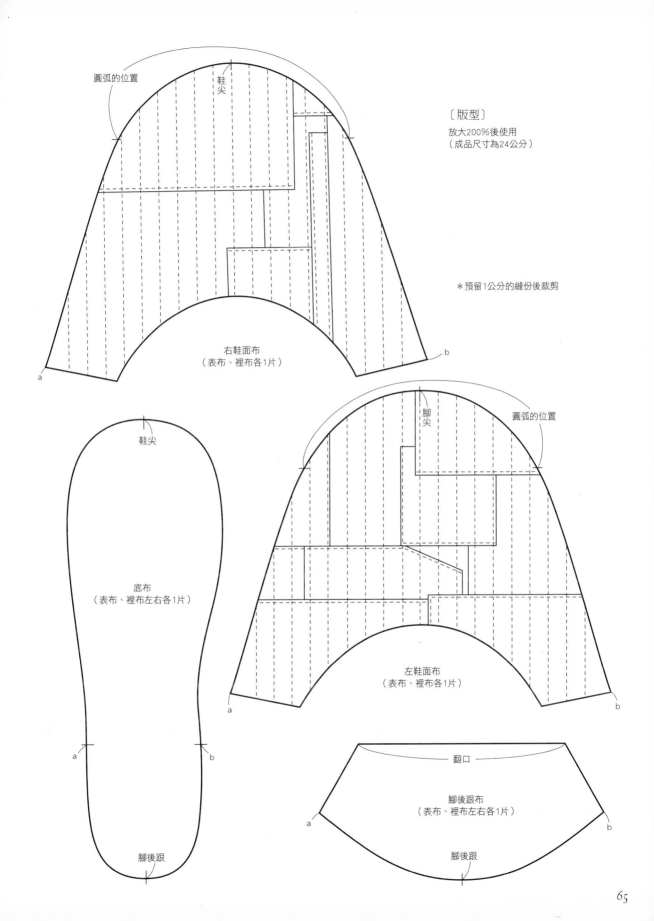

圓弧的位置

鞋尖

〔版型〕
放大200%後使用
（成品尺寸為24公分）

＊預留1公分的縫份後裁剪

右鞋面布
（表布、裡布各1片）

a

b

鞋尖

底布
（表布、裡布左右各1片）

a

b

腳後跟

腳尖

圓弧的位置

左鞋面布
（表布、裡布各1片）

a

b

翻口

腳後跟布
（表布、裡布左右各1片）

a

b

腳後跟

Mat 杯墊 ------------- page.19 ✛ 縫紉機貼布繡踏墊

材料

底布（素色）……75×50公分
裡布（方格花紋布）……80×55公分
貼布繡布（印花布等）……各種適量
墊布（素色）、鋪棉……各75×50公分

做法

參照p.31，以縫紉機將喜愛的碎布做好貼布繡。

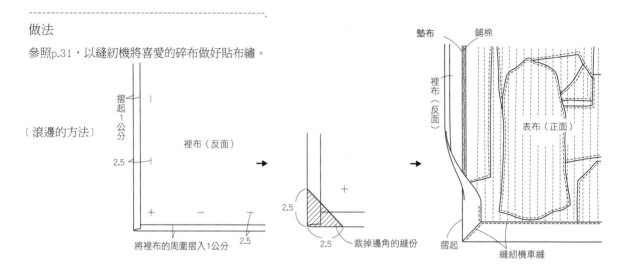

〔滾邊的方法〕

摺起1公分
2.5
裡布（反面）
+ −
2.5
將裡布的周圍摺入1公分

2.5
2.5
裁掉邊角的縫份

墊布　鋪棉
裡布（反面）
表布（正面）
摺起
縫紉機車縫

②疊放上鋪棉、墊布後，以縫紉機壓線。

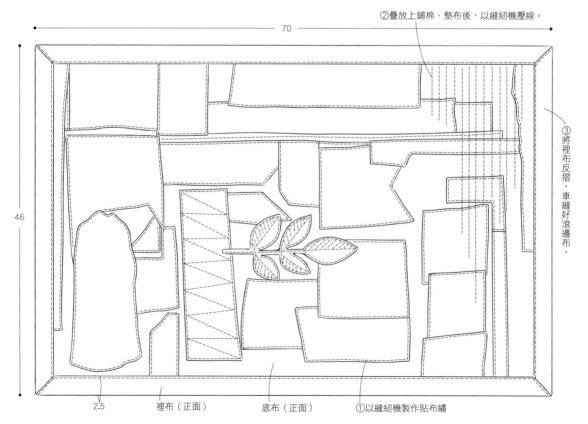

70
46
2.5
裡布（正面）
底布（正面）
①以縫紉機製作貼布繡
③將裡布反摺，車縫好滾邊布。

材料

表布上半部分（羊毛）……15×15公分
拼布用布（印花布等）……各種適量
裡布（條紋布）、鋪棉……各25×15公分
口金框……寬7.5公分1個

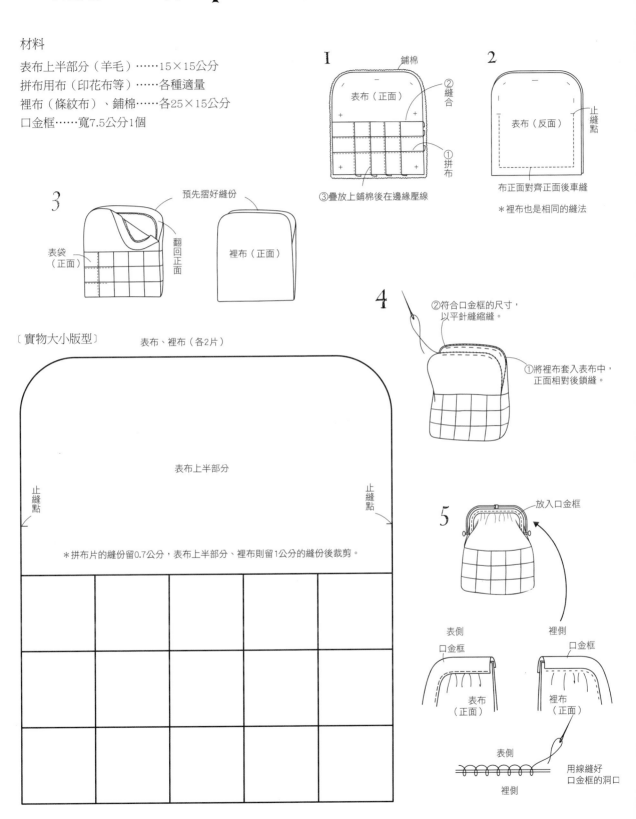

1

鋪棉
表布（正面）
②縫合
①拼布
③疊放上鋪棉後在邊緣壓線

2

表布（反面）
止縫點
布正面對齊正面後車縫
＊裡布也是相同的縫法

3

預先摺好縫份
表袋（正面）
翻回正面
裡布（正面）

4

②符合口金框的尺寸，以平針縫縮縫。
①將裡布套入表布中，正面相對後鎖縫。

〔實物大小版型〕　　表布、裡布（各2片）

表布上半部分

止縫點　　　　　　　　　　　　　　　止縫點

＊拼布片的縫份留0.7公分，表布上半部分、裡布則留1公分的縫份後裁剪。

5

放入口金框

表側　　　　　　　　　裡側
口金框　　　　　　　　口金框
表布（正面）　　　　　裡布（正面）

表側
用線縫好口金框的洞口
裡側

67

Cushion 抱枕 ----------- page.21 ✛ 字母圖案的抱枕套

材料（1個份量）

拼布用布（素色、印花布等）……各種適量
表側用布、裡側用布（亞麻布等）……
幅寬110×35公分
鋪棉、墊布……各35×35公分

做法

1 將拼布片和表側布縫合，依序疊放上鋪棉、墊布後壓線。

2 裡側布對摺後車縫，和表側布對齊縫合周圍。

3 翻回正面。

〔製圖〕

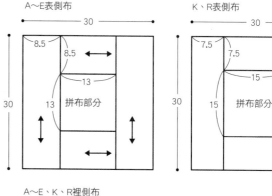

A～E表側布

K、R表側布

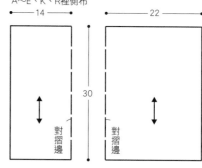

A～E、K、R裡側布

＊預留1公分的
縫份後裁切

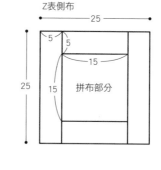

Z表側布

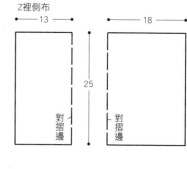

Z裡側布

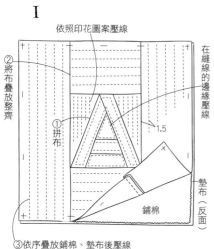

1

依照印花圖案壓線
在縫線的邊緣壓線
②將布疊放整齊
①拼布
1.5
墊布（反面）
鋪棉
③依序疊放鋪棉、墊布後壓線

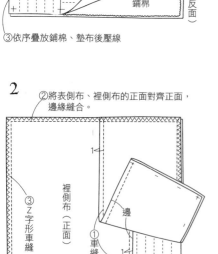

2

②將表側布、裡側布的正面對齊正面，邊緣縫合。
裡側布（正面）
③Z字形車縫
①車縫
邊
1
1
表側布（正面）

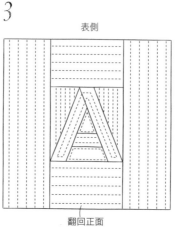

3

表側

翻回正面

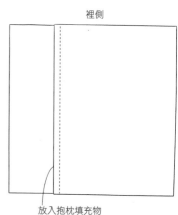

裡側

放入抱枕填充物

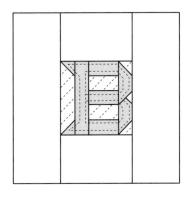

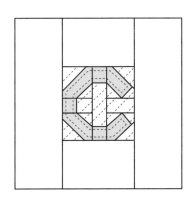

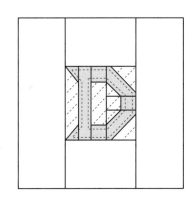

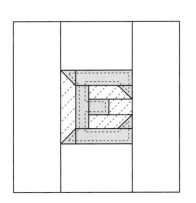

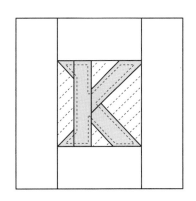

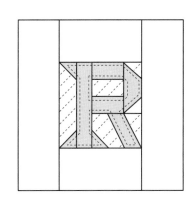

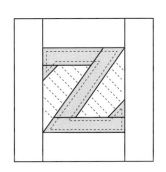

〔製圖〕（放大200%後使用）

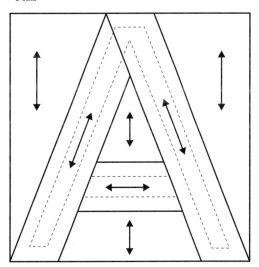

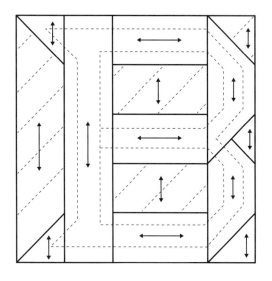

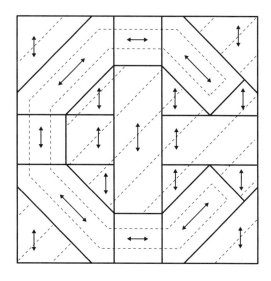

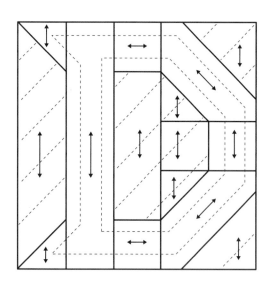

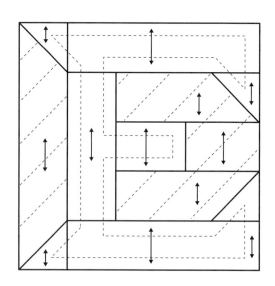

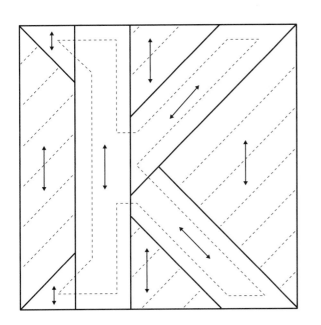

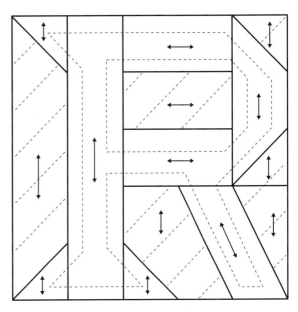

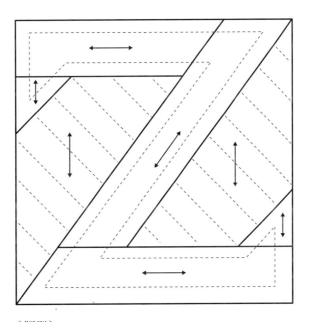

〔版型〕（放大200%後使用）

材料（1個份量）

拼布用布（印花布等）……各種適量

裡布（印花布等，含斜布條在內）、鋪棉、墊布……各30×20公分

拉鍊……長13公分1條

釦子……直徑1.4公分4個（不使用亦可）

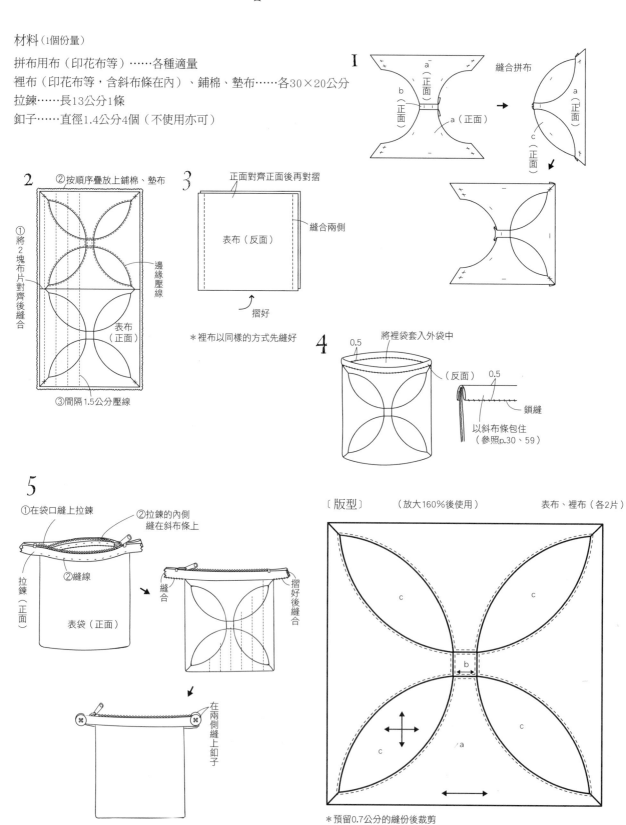

I　縫合拼布

2
　②按順序疊放上鋪棉、墊布
　①將2塊布片對齊後縫合
　邊緣壓線
　表布（正面）
　③間隔1.5公分壓線

3
　正面對齊正面後再對摺
　表布（反面）
　縫合兩側
　摺好
　＊裡布以同樣的方式先縫好

4
　0.5
　將裡袋套入外袋中
　（反面）　0.5
　鎖縫
　以斜布條包住
　（參照p.30、59）

5
　①在袋口縫上拉鍊
　②拉鍊的內側縫在斜布條上
　②縫線
　拉鍊（正面）
　表袋（正面）
　縫合
　摺好後縫合
　在兩側縫上釦子

〔版型〕　（放大160%後使用）　表布、裡布（各2片）
　＊預留0.7公分的縫份後裁剪

72

材料

拼布用布（印花布等）……各種適量
裡布（印花布等，含斜布條在內）、
鋪棉、墊布……各30×20公分
拉鍊……長12公分1條
釦子……直徑1.4公分4個

〔實物大小版型〕

表布、裡布（各2片）

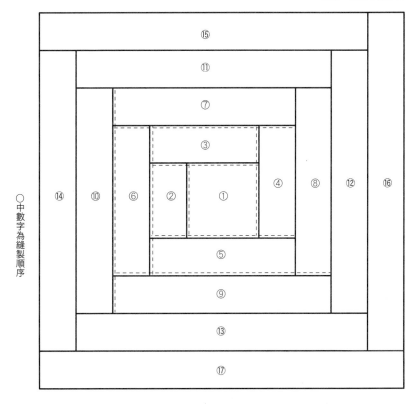

○中數字為縫製順序

＊拼布片的縫份留0.7公分，其他布料則留1公分的縫份後裁剪。

〔小木屋圖案的縫法〕

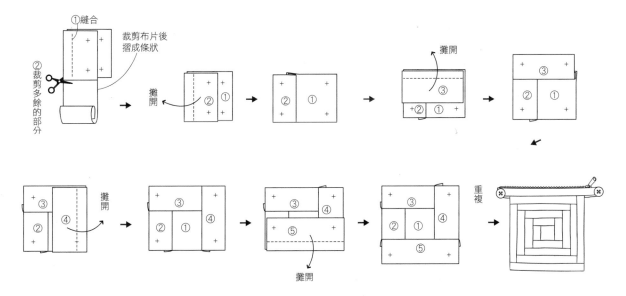

材料

表布 a（點點亞麻布）……幅寬 110×40 公分

拼布用布 b（亞麻印花布）……30×20 公分

表布 c（緹花布）……35×25 公分

裡布（條紋布）、墊布……各幅寬 110×40 公分

鋪棉：……幅寬 110×40 公分

不織布……20×10 公分

接著襯……15×15 公分

彩色織帶……寬 2.5×160 公分

日型環……1 對

口型環……2 個

磁釦……2 對

繡線……少許

〔製圖〕

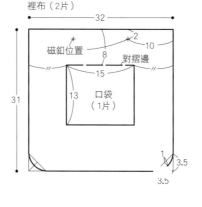

前側布（1片）
彩色織帶縫合位置

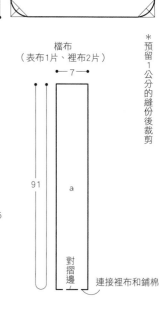

裡側布（1片）

裡布（2片）

磁釦位置
對摺邊
口袋（1片）

檔布（表布1片、裡布2片）

連接裡布和鋪棉

＊預留 1 公分的縫份後裁剪

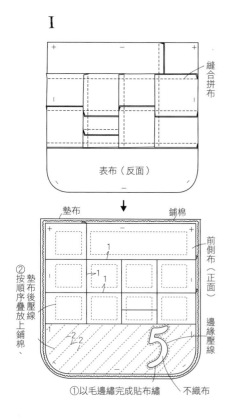

I

縫合拼布

表布（反面）

墊布　鋪棉

②按順序疊放上鋪棉、

前側布（正面）

邊緣壓線

①以毛邊繡完成貼布繡　不織布

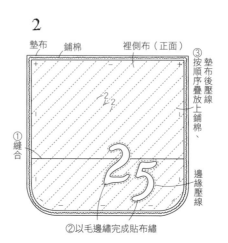

2

墊布　鋪棉　裡側布（正面）

①縫合

③按順序疊放上鋪棉、

②按順序疊放上鋪棉、

邊緣壓線

②以毛邊繡完成貼布繡

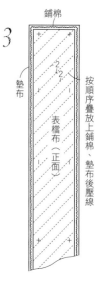

3

鋪棉

墊布

表檔布（正面）

按順序疊放上鋪棉、墊布後壓線

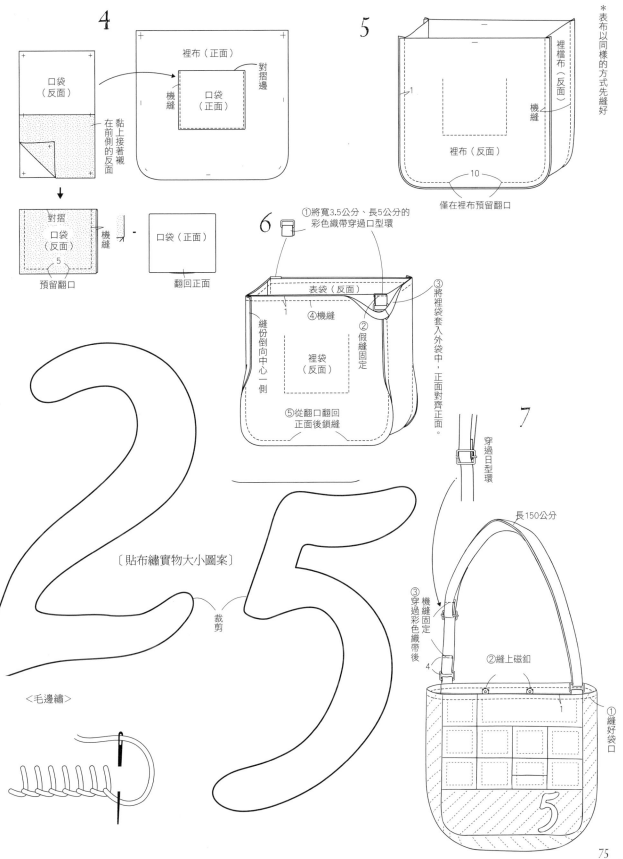

4

口袋（反面）

裡布（正面）

口袋（正面）

對摺邊

機縫

黏上接著襯在前側的反面

對摺

口袋（反面）

機縫

口袋（正面）

預留翻口

翻回正面

5

＊表布以同樣的方式先縫好

裡檔布（反面）

1

機縫

裡布（反面）

10

僅在裡布預留翻口

6

①將寬3.5公分、長5公分的彩色織帶穿過口型環

表袋（反面）

1

④機縫

②假縫固定

③將裡袋套入外袋中，正面對齊正面。

縫份倒向中心一側

裡袋（反面）

⑤從翻口翻回正面後鎖縫

7

穿過日型環

長150公分

③穿過彩色織帶後

③機縫固定

②縫上磁釦

4

1

①縫好袋口

〔貼布繡實物大小圖案〕

裁剪

<毛邊繡>

5

材料

表布a（點點亞麻布，含斜布條在內）……30×30公分
表布b（緹花布）……30×20公分
裡布（條紋布，含斜布條在內）……40×30公分
鋪棉……40×20公分
不織布……6×10公分
皮革提把……寬0.3×長80公分
繡線……少許

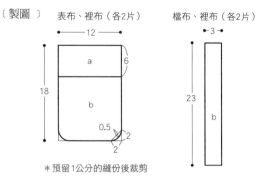

〔製圖〕

表布、裡布（各2片）　　檔布、裡布（各2片）

＊預留1公分的縫份後裁剪

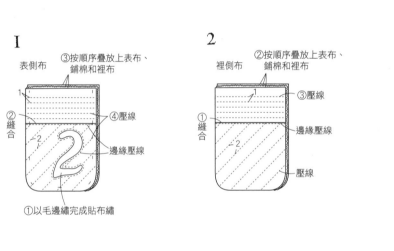

I
表側布
③按順序疊放上表布、鋪棉和裡布
②縫合
④壓線
邊緣壓線
①以毛邊繡完成貼布繡

2
裡側布
②按順序疊放上表布、鋪棉和裡布
①縫合
③壓線
邊緣壓線
壓線

3
②按順序疊放上表布、鋪棉和裡布
①縫合
③壓線
表檔布（正面）

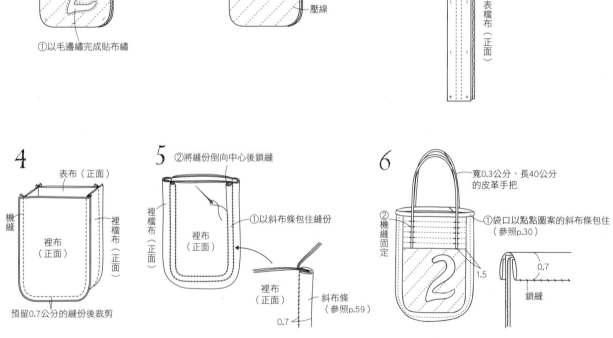

4
表布（正面）
機縫
裡布（正面）
裡檔布（正面）
預留0.7公分的縫份後裁剪

5
②將縫份倒向中心後鎖縫
裡檔布（正面）
裡布（正面）
①以斜布條包住縫份
裡布（正面）
斜布條（參照p.59）
0.7

6
寬0.3公分、長40公分的皮革手把
②機縫固定
①袋口以點點圖案的斜布條包住（參照p.30）
1.5
0.7
鎖縫

材料

表布a（合成皮）……幅寬110×40公分

表布b（印花布）……45×25公分

表布c（條紋）……30×25公分

裡布（印花布）、墊布……各幅寬110×40公分

鋪棉……幅寬110×40公分

皮革手把……寬1×長130公分

拉鍊……長46公分1條

做法

安裝拉鍊時，需將每一片布和鋪棉間的縫份仔細剪乾淨。

I

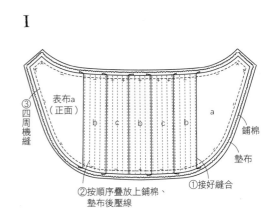

③四周機縫
表布a（正面）
鋪棉
墊布
②按順序疊放上鋪棉、墊布後壓線
①接好縫合

2

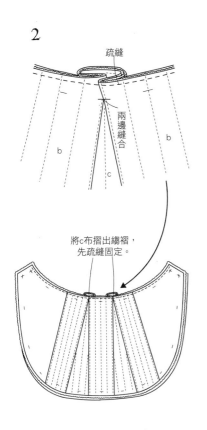

疏縫
兩邊縫合
b
c
b
將c布摺出綯褶，先疏縫固定。

3

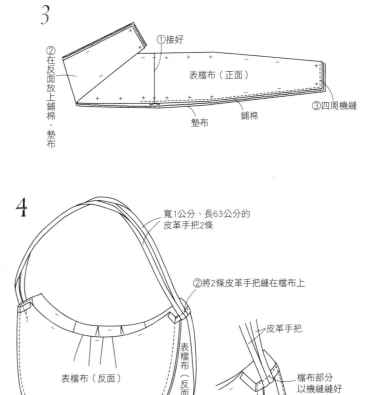

①接好
②在反面放上鋪棉、墊布
表檔布（正面）
③四周機縫
墊布
鋪棉

4

寬1公分、長63公分的皮革手把2條
②將2條皮革手把縫在檔布上
表檔布（反面）
表檔布（反面）
①縫合檔布
皮革手把
檔布部分以機縫縫好
表檔布（反面）

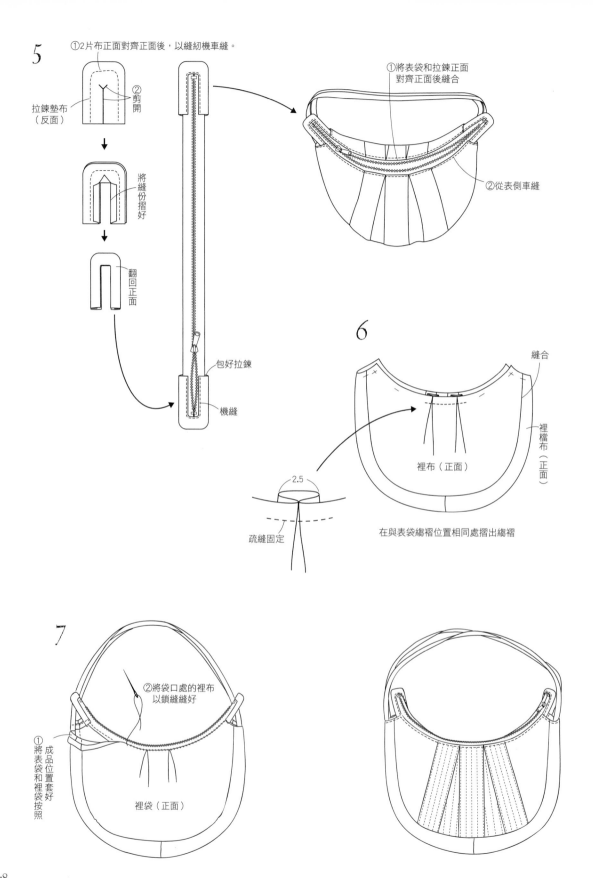

5

①2片布正面對齊正面後，以縫紉機車縫。

拉鍊墊布
（反面）

②剪開

將縫份摺好

翻回正面

包好拉鍊

機縫

①將表袋和拉鍊正面
對齊正面後縫合

②從表側車縫

6

縫合

裡布（正面）

裡檔布
（正面）

2.5

疏縫固定

在與表袋縐褶位置相同處摺出縐褶

7

②將袋口處的裡布
以鎖縫縫好

①將表袋和裡袋按照成品位置套好

裡袋（正面）

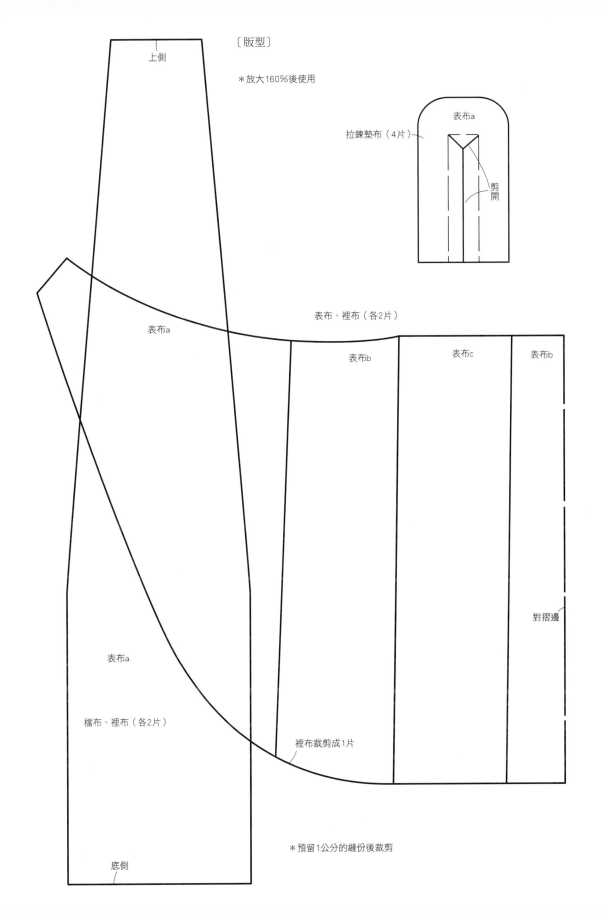

〔版型〕

＊放大160%後使用

表布a

拉鍊墊布（4片）

剪開

上側

表布a

表布、裡布（各2片）

表布b　　　表布c　　　表布b

對摺邊

表布a

檔布、裡布（各2片）

裡布裁剪成1片

底側

＊預留1公分的縫份後裁剪

材料

表布a（緹花布）……50×40公分

拼布用布b、c（印花布）……各種適量

裡布（印花布、含斜布條在內）……

幅寬110×20公分

墊布（素色）……30×25公分

鋪棉……50×40公分

拉鍊……長48公分1條

做法

小木屋的縫製、拉鍊的安裝方法，可參照
p.94、95。

〔製圖〕

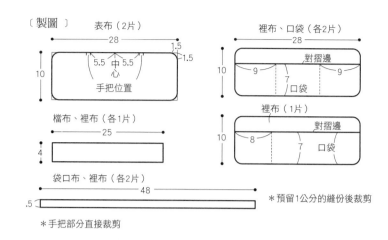

表布（2片）
28
1.5
1.5
10
5.5 中 5.5
心
手把位置

裡布、口袋（各2片）
28
對摺邊
10
9
7
9
口袋

檔布、裡布（各1片）
25
4

裡布（1片）
對摺邊
10
8
7
口袋

袋口布、裡布（各2片）
48
.5

＊預留1公分的縫份後裁剪

＊手把部分直接裁剪

I

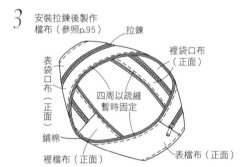

手把
22
4
（正面）
1
四褶 機縫

2

④疊好裡布，
四周以疏縫暫時固定。

⑤製作手把，
並以疏縫暫時固定。

②按順序
疊放上
表布、
鋪棉、
墊布

③邊緣壓線

鋪棉 表布（正面）

①拼布後縫合

3

安裝拉鍊後製作
檔布（參照p.95）

拉鍊

裡袋口布
（正面）

表袋口布
（正面）

四周以疏縫
暫時固定

鋪棉

裡檔布（正面）

表檔布（正面）

4

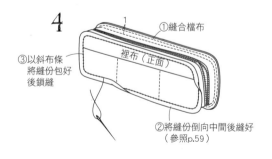

①縫合檔布

裡布（正面）

③以斜布條
將縫份包好
後鎖縫

②將縫份倒向中間後縫好
（參照p.59）

〔實物大小版型〕

＊製作8片

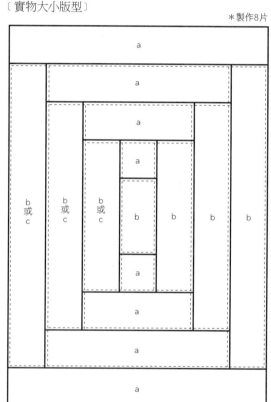

a

a

a

a

b
或
c

b
或
c

b
或
c

b

b

b

b

a

a

a

a

＊預留0.7公分的縫份後裁剪

材料

表布（不織布）……18×18公分2片
Yo-yo拼布用布（印花布等）……各種適量
裡布（條紋布）……20×20公分

〔製圖〕

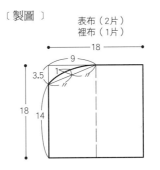

表布（2片）
裡布（1片）

18
9
3.5
1
18
14

＊2片不織布一起剪裁，
　1片裡布預留1公分的
　縫份後裁剪。

〔實物大小版型〕

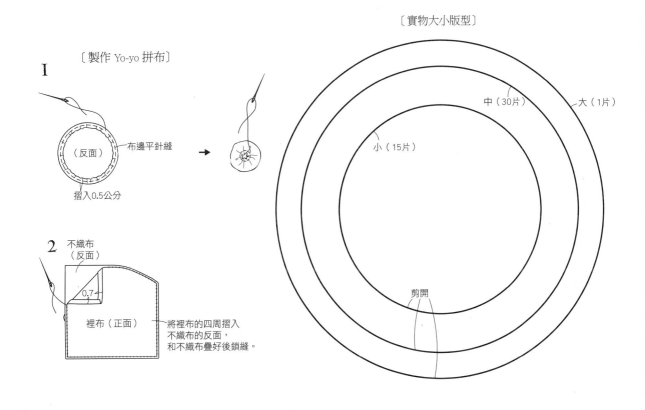

〔製作 Yo-yo 拼布〕

I

布邊平針縫

（反面）

摺入0.5公分

2

不織布
（反面）

0.7

裡布（正面）

將裡布的四周摺入
不織布的反面，
和不織布疊好後鎖縫。

中（30片）
大（1片）
小（15片）
剪開

3

將所有的Yo-yo拼布
排好位置，
縫在另一片不織布上。

不織布

縫合的位置

4

裡布（正面）

①將裡布不織布的那一面，
和縫上Yo-yo拼布
那一片布的不織布面對齊。

③鎖縫
②對摺

材料

廚房布……50×45公分1片
貼布繡……各種適量

做法

¹ 袋口部分用廚房布邊做貼布繡。

² 製作手把，安裝在手提包上。

³ 縫合袋邊和袋底。

〔廚房布版型剪裁圖〕

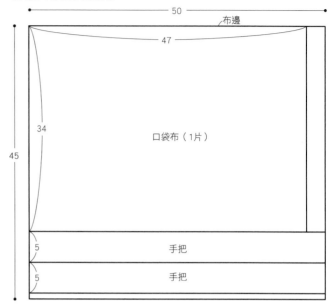

50
布邊
47
34
45
口袋布（1片）
5 手把
5 手把

I

利用布邊製作袋口   以縫紉機做貼布繡

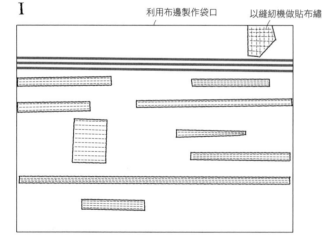

2

手把

②四褶後車縫

①依喜好做貼布繡

1.25

手把

機縫

5

袋布（反面）

3

7

以製作袋子的方式縫製

〔製作袋子〕

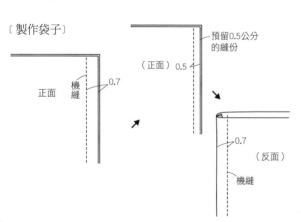

預留0.5公分的縫份

（正面）0.5

正面   機縫   0.7

0.7

（反面）

機縫

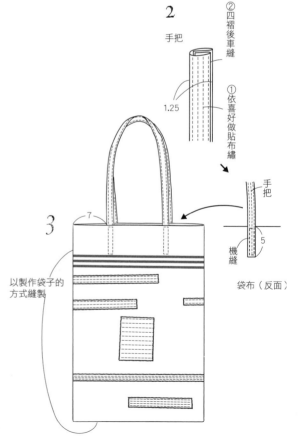

Mini bag 迷你貼花圖案包 ----------- page.41 ✚ 機縫貼布繡的迷你小包

材料

表布（橫條布）……45×40公分

裡布（印花布）、鋪棉……各45×30公分

貼布繡（印花布等）、織帶……各種適量

做法

裡布的縫合方法可參照p.93。

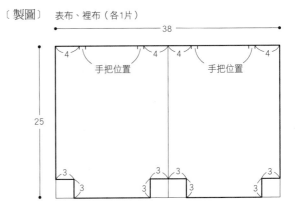

〔製圖〕　表布、裡布（各1片）

＊除指定以外的布料，需留1公分的縫份再裁切。

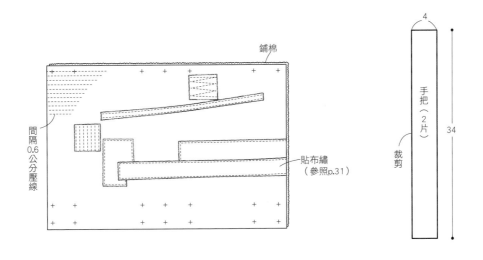

鋪棉

間隔0.6公分壓線

貼布繡（參照p.31）

手把（2片）裁剪

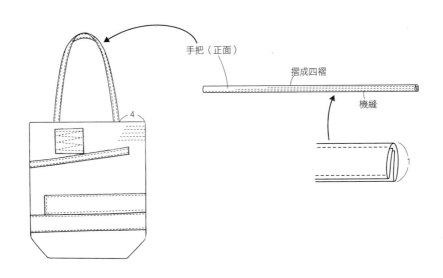

手把（正面）

摺成四褶

機縫

材料

拼布用布（印花布等）……各種適量

裡布（格子布）……幅寬110×50公分

墊布……幅寬110×50公分

鋪棉……幅寬110×50公分

皮革手把……粗1.5×長110公分

接著襯……20×15公分

做法

1 拼布後縫合，按順序疊放上鋪棉、墊布後壓線。

2 按照製圖裁剪布片。

3 縫合底布。

4 在裡布上縫好口袋。

5 將表袋和裡袋組合縫好。

6 在袋口處以縫紉機車縫。

〔製圖〕

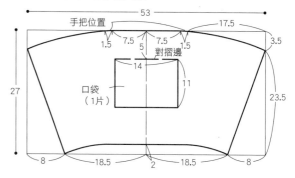

表布、裡布（各2片）

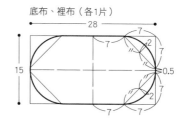

底布、裡布（各1片）

＊拼布用布需留0.7公分，
其他布料則需留1公分
的縫份再裁切。

I

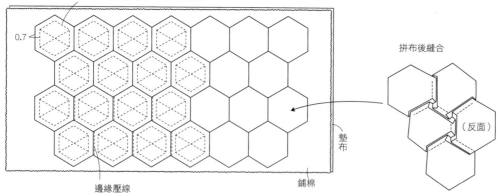

按順序疊放上鋪棉、墊布後壓線

0.7

邊緣壓線　　鋪棉　　墊布

拼布後縫合

（反面）

2

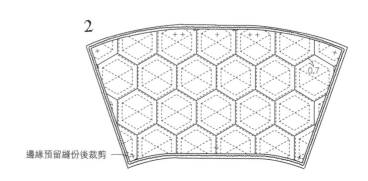

0.7

邊緣預留縫份後裁剪

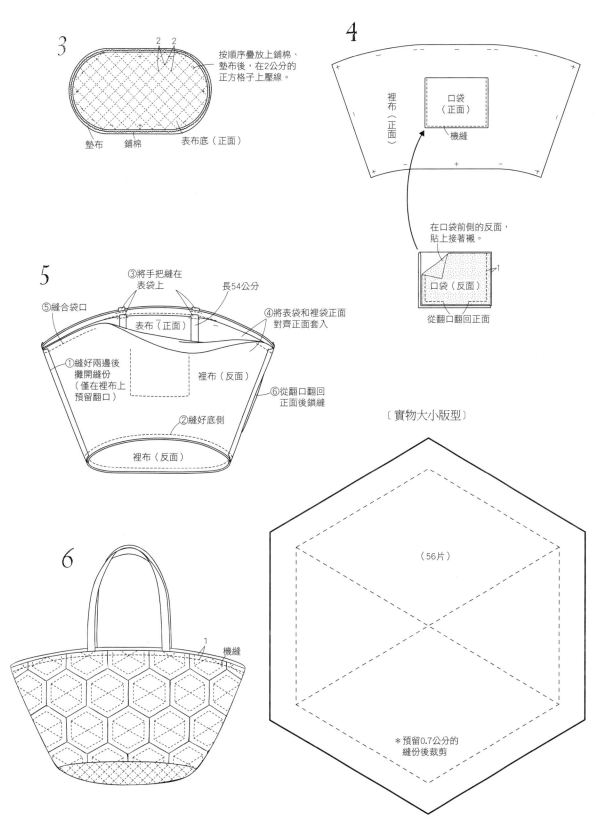

3

2　2

按順序疊放上鋪棉、
墊布後，在2公分的
正方格子上壓線。

墊布　鋪棉　　表布底（正面）

4

裡布（正面）

口袋
（正面）

機縫

在口袋前側的反面，
貼上接著襯。

1

口袋（反面）

從翻口翻回正面

5

③將手把縫在
表袋上

長54公分

⑤縫合袋口

表布（正面）

④將表袋和裡袋正面
對齊正面套入

①縫好兩邊後
攤開縫份
（僅在裡布上
預留翻口）

裡布（反面）

⑥從翻口翻回
正面後鎖縫

②縫好底側

裡布（反面）

〔實物大小版型〕

6

1　機縫

（56片）

＊預留0.7公分的
縫份後裁剪

材料

表布、Yo-yo 拼布用布、裡布（方格布）……
幅寬 110×40 公分
Yo-yo 花拼布用布（素色等）……各種適量
蕾絲花……直徑 5 公分 14 片
接著襯……35×20 公分

做法

Yo-yo拼布的做法可參照p.81。

〔製圖〕

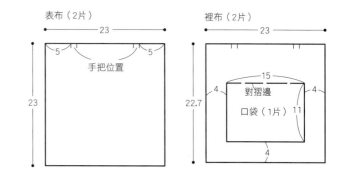

表布（2片）

裡布（2片）

手把（2片）

＊其他除指定以外的布料，則需留1公分的縫份再裁切。

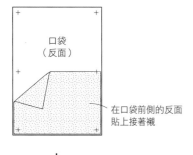

在口袋前側的反面
貼上接著襯

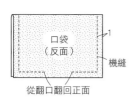

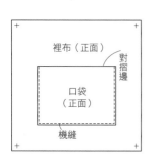

〔實物大小版型〕

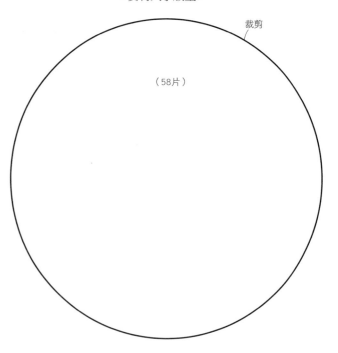

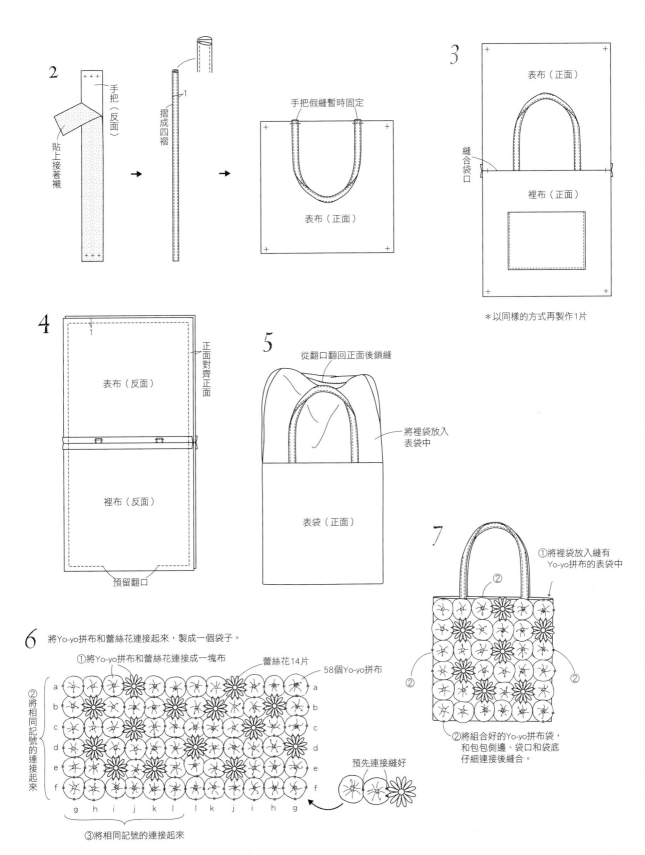

2

手把（反面）

貼上接著襯

摺成四褶

1

手把假縫暫時固定

表布（正面）

3

表布（正面）

縫合袋口

裡布（正面）

＊以同樣的方式再製作1片

4

表布（反面）

1

正面對齊正面

裡布（反面）

預留翻口

5

從翻口翻回正面後鎖縫

將裡袋放入表袋中

表袋（正面）

7

①將裡袋放入縫有Yo-yo拼布的表袋中

②

②

②

②

①將裡袋放入縫有
Yo-yo拼布的表袋中

②將組合好的Yo-yo拼布袋，
和包包側邊、袋口和袋底
仔細連接後縫合。

6 將Yo-yo拼布和蕾絲花連接起來，製成一個袋子。

①將Yo-yo拼布和蕾絲花連接成一塊布

蕾絲花14片

58個Yo-yo拼布

②將相同記號的連接起來

a b c d e f

a b c d e f

g h i j k l l k j i h g

③將相同記號的連接起來

預先連接縫好

Flat bag 手提扁包 ------------ page.45 ✛ 機縫貼布繡的實用扁包

材料

表布a（素色）……40×30公分
表布b（橫條布）……40×50公分
裡布（印花布）、鋪棉、墊布……各90×40公分
貼布繡（印花布等）……各種適量

做法

裡布的縫合方法可參照p.87。
口袋的縫合方法可參照p.86。

裡布的縫合方法可參照p.87。
口袋的縫合方法可參照p.86。

〔製圖〕

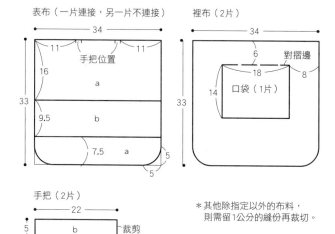

表布（一片連接，另一片不連接）

34

11　手把位置　11
16
a
33
9.5　b
7.5　a
5
5

裡布（2片）

34
6　對摺邊
18　8
14　口袋（1片）
33

手把（2片）

22
5　b　裁剪

＊其他除指定以外的布料，
　則需留1公分的縫份再裁切。

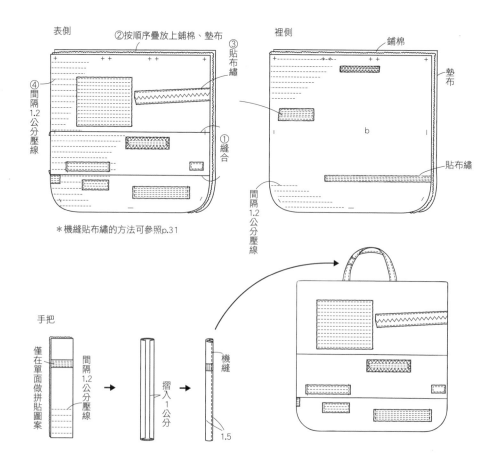

表側

②按順序疊放上鋪棉、墊布
③貼布繡
④間隔1.2公分壓線
①縫合

裡側
鋪棉
墊布
b
貼布繡
間隔1.2公分壓線

＊機縫貼布繡的方法可參照p.31

手把
僅在單面做拼貼圖案
間隔1.2公分壓線
摺入1公分
機縫
1.5

材料

拼布用布（亞麻布等）……各種適量
裡布、摺邊布、布繩用布（條紋布）……
幅寬110×50公分
鋪棉、墊布……各30×20公分
織帶……寬1×長90公分
接著襯……35×20公分

〔實物大小版型〕

（148片）

＊預留0.7公分的縫份後裁剪

〔製圖〕

表布＋反摺部分（1片）

39.5

8.5　　　1 5.5 2 4 2 5　　2.5
反摺部分　　織帶的位置　　　摺邊布
　　　　　　　　　　　布繩位置　　（1片）
17.5　　　　表布　　　　　8
　　　　（拼布部分、1片）　　1　織帶位置
　　　　　　　24　　　　　　2.5
　　　　2 4 2 5

布繩
• 5.5
19.5　裁剪

＊其他除指定以外的布料，則需留1公分的縫份再裁切。

1
鋪棉、墊布　①拼布後縫合
②壓線
③邊緣以縫紉機車縫

2
①反面貼好接著襯　②接合縫好　①反面貼好接著襯
裡布（正面）　反摺部分（正面）　表布（拼布部分、正面）　摺邊布（正面）
夾入67公分長的織帶

3
①按順序摺好　②機縫
反摺部分（正面）　表布（拼布部分、正面）　摺邊布（正面）
8.5
將織帶留在外面

4
8.5　②夾入長22公分的織帶　①製作布繩後夾入
裡布（反面）　預留翻口　機縫　機縫
2　　翻回正面
（反面）
③將反摺部分摺入後車縫

5
①翻回正面　布繩　裡布（正面）　反摺部分（正面）　將織帶留在外面
②邊緣以縫紉機車縫

6
邊緣壓線
表布（拼布部分、正面）　摺邊布（正面）
將織帶留在外面

材料

拼布用布（印花布等）……各種適量
袋口布、底布用布（網眼布）……30×30公分
鋪棉……30×35公分
裡布（保冷墊）、墊布……各30×35公分
織帶……寬1×長30公分
繩子……粗0.3×長30公分
釦子……直徑2公分2個

〔製圖〕

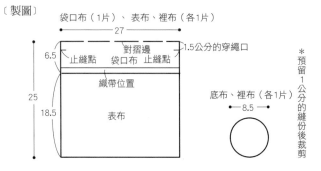

袋口布（1片）、表布、裡布（各1片）

27
6.5 止縫點　對摺邊　袋口布　止縫點　1.5公分的穿繩口
25
織帶位置
18.5 表布

*預留1公分的縫份後裁剪

底布、裡布（各1片）
8.5

〔實物大小版型〕

（172片）

*預留0.7公分的縫份後裁剪

1
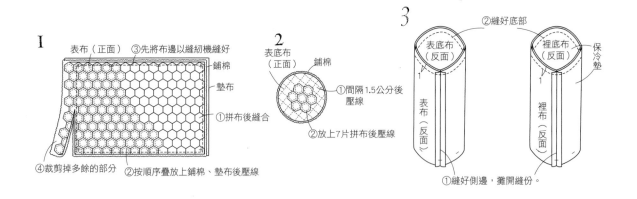

表布（正面）　③先將布邊以縫紉機縫好
鋪棉
墊布
①拼布後縫合
④裁剪掉多餘的部分　②按順序疊放上鋪棉、墊布後壓線

2
表底布（正面）　鋪棉
①間隔1.5公分後壓線
②放上7片拼布後壓線

3
②縫好底部
表底布（反面）　裡底布（反面）　保冷墊
1　1
表布（反面）　裡布（反面）
①縫好側邊，攤開縫份。

4
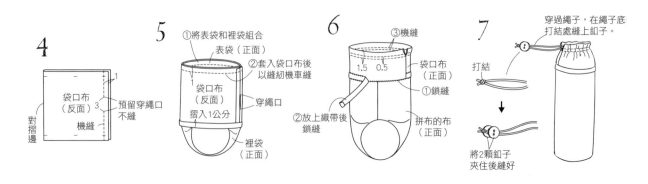

袋口布（反面）　1　預留穿繩口不縫
3
對摺邊　機縫

5
①將表袋和裡袋組合
表袋（正面）
②套入袋口布後以縫紉機車縫
袋口布（反面）　穿繩口
摺入1公分
裡袋（正面）

6
③機縫
袋口布（正面）
1.5　0.5
①鎖縫
②放上織帶後鎖縫
拼布的布（正面）

7
穿過繩子，在繩子底打結處縫上釦子。
打結
將2顆釦子夾住後縫好

材料

拼布用布（印花布等）……各種適量
滾邊用布（素色，含拼布用布在內）……幅寬110×250公分
裡布（印花布，含斜布條在內）……幅寬110×460公分
鋪棉……幅寬110×440公分

做法

傳統小木屋圖案的縫合方式可參照p.94。
滾邊條的方法可參照p30、31。

〔版型〕（放大200%後使用）　　（製作272片）

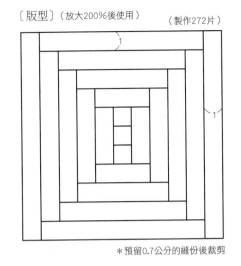

＊預留0.7公分的縫份後裁剪

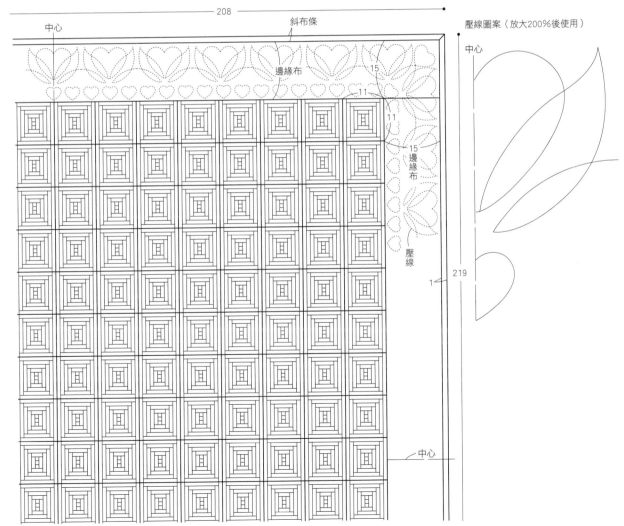

壓線圖案（放大200%後使用）

材料

表布、手把用布（條紋布）……幅寬110×100公分

拼布用布（印花布等）……各種適量

裡布（印花布）……幅寬110×80公分

墊布（素色）……幅寬110×100公分

鋪棉……幅寬110×80公分

皮革織帶……幅寬1.5×長40公分

接著襯……40×15公分

〔製圖〕表布、裡布（各2片）

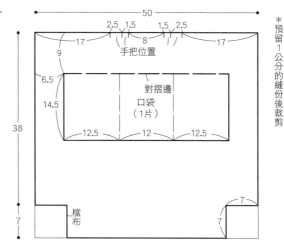

＊手把部分直接裁剪

〔實物大小版型〕

（100片）

＊預留0.7公分的縫份後裁剪

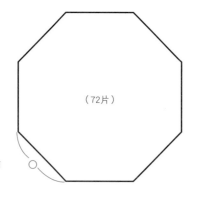

（72片）

I

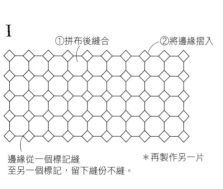

①拼布後縫合　②將邊緣摺入

邊緣從一個標記縫
至另一個標記，留下縫份不縫。

＊再製作另一片

2

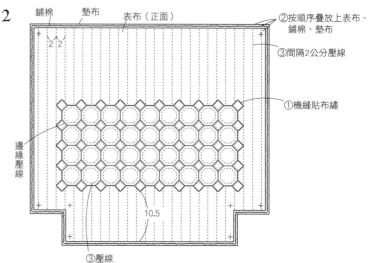

鋪棉　墊布　表布（正面）

②按順序疊放上表布、
鋪棉、墊布

③間隔2公分壓線

①機縫貼布繡

邊緣壓線

③壓線

3

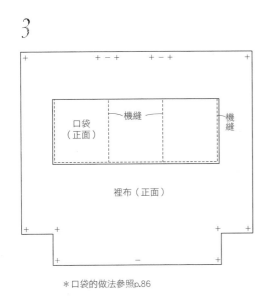

口袋
（正面）

機縫

機縫

裡布（正面）

*口袋的做法參照p.86

4

①正面對齊
正面

1

②機縫

②機縫

裡布（反面）

③機縫

僅裡布
預留翻口

1

*表布以同樣的方式先縫好

6

①製作手把

50

2.5

機縫

摺入1公分

②將表袋和裡袋
正面對正面組合

③夾入手把

④夾入
長20公分
的皮革織帶

表袋（反面）

⑤
機
縫

手把

1

裡袋（反面）

⑥翻回正面後
將縫合鎖縫

5

1

縫合檔布（抓底）

7

機縫

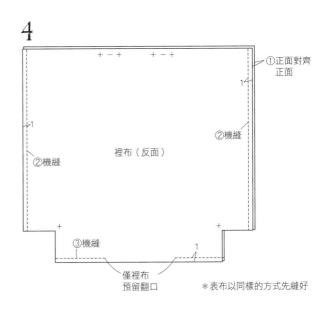

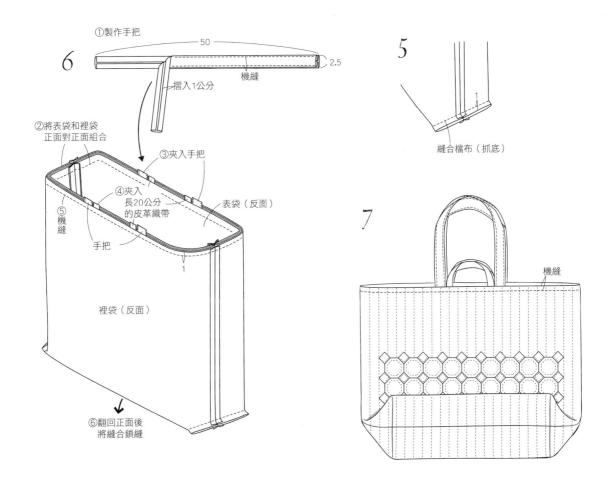

材料

表布（帶光澤的平織布）……幅寬110×30公分
拼布用布a、下布用（印花布）……40×30公分
拼布用布b（印花布）……適量
手把用布（素色）……20×30公分
裡布（印花布，含斜布條在內）、墊布……
各幅寬110×30公分
墊布……幅寬110×50公分
鋪棉……幅寬110×40公分
拉鍊……長52公分1條

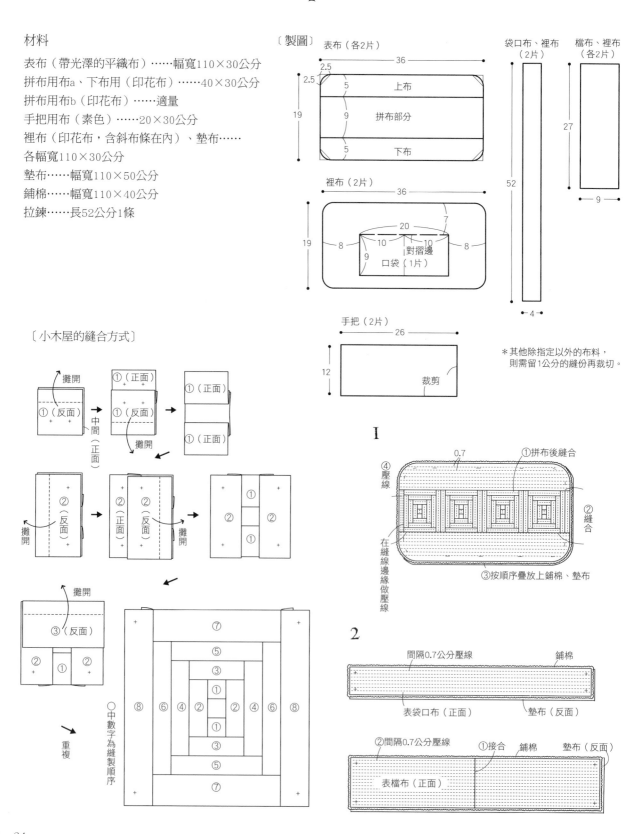

〔製圖〕

表布（各2片）

36
2.5
2.5
5 上布
19
9 拼布部分
5 下布

裡布（2片）

36
7
20
19
8 10 10 8
9 對摺邊
口袋（1片）

袋口布、裡布（2片）

52
← 4 →

檔布、裡布（各2片）

27
← 9 →

手把（2片）

26
12
裁剪

＊其他除指定以外的布料，
則需留1公分的縫份再裁切。

〔小木屋的縫合方式〕

攤開
①（反面）
→
①（正面）
①（反面）
中間（正面）
攤開
→
①（正面）
①（正面）

②（反面）
攤開
→
②（正面）②（反面）
攤開
→
①
②②
①

攤開
③（反面）
②①②
→ 重複
○中數字為縫製順序

⑦
⑤
③
①
⑧⑥④②②④⑥⑧
①
③
⑤
⑦

I

0.7
④壓線
①拼布後縫合
②縫合
在縫線邊緣做壓線
③按順序疊放上鋪棉、墊布

2

間隔0.7公分壓線 　　鋪棉
表袋口布（正面）　　墊布（反面）

②間隔0.7公分壓線 ①接合 鋪棉 墊布（反面）
表檔布（正面）

94

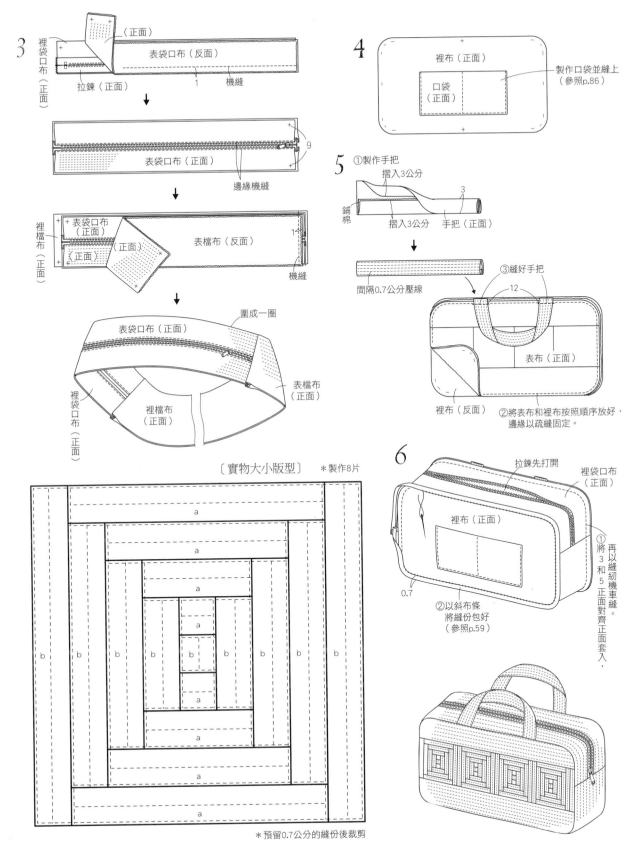

3

裡袋口布（正面）

（正面）

表袋口布（反面）

拉鍊（正面）　1　機縫

表袋口布（正面）

9

邊緣機縫

表袋口布（正面）

裡檔布（正面）

（正面）

（正面）

表檔布（反面）

14

機縫

圍成一圈

表袋口布（正面）

表檔布（正面）

裡袋口布（正面）

裡檔布（正面）

〔實物大小版型〕　＊製作8片

a
a
a
a
a
a
a
a

b　b　b　b　b　b　b　b　b

＊預留0.7公分的縫份後裁剪

4

裡布（正面）

口袋（正面）

製作口袋並縫上
（參照p.86）

5

①製作手把

摺入3公分

3

鋪棉

摺入3公分　手把（正面）

間隔0.7公分壓線

③縫好手把

12

表布（正面）

裡布（反面）

②將表布和裡布按照順序放好，
邊緣以疏縫固定。

6

拉鍊先打開

裡袋口布（正面）

裡布（正面）

0.7

②以斜布條
將縫份包好
（參照p.59）

①將3和5正面對齊正面套入，
再以縫紉機車縫。

95

朱雀文化和你快樂品味生活　台北市基隆路二段13-1號3樓

ＸＸＸＸＸＸＸＸＸ ＸＸＸ ＸＸＸ ＸＸＸＸＸＸＸＸＸ ＸＸＸＸＸＸ

XXXXXXXXXXXXXXXXXXXXXXXXXXXXXXXXXXXXXX

小關鈴子（Suzuko Koseki）

拼布藝術家，畢業於日本文化服裝學院。自1978年起，跟隨野原查克（Cha-Ku）先生學習拼布。
曾擔任日本拼布手工藝學園講師，之後自己開設「La Clochette」工作室。目前除了在自己家中開設學習教室，
以及在文化學園教授拼布手工藝之外，作品常在雜誌、電視、個人展覽等處發表。他的作品色彩鮮明、
充滿趣味，很受大眾的喜愛。著有多本拼布相關書籍。個人網址：http://kwne.jp/~clochette/

hands
手作生活 031

小關鈴子的自然風拼布
點點、條紋、花樣圖案的居家與戶外生活雜貨

作者	小關鈴子
翻譯	彭文怡
內文完稿	許淑君
封面完稿	鄭寧寧
編輯	郝喜美
校對	連玉瑩
行銷	洪仔青
企劃統籌	李橘
總編輯	莫少閒
出版者	朱雀文化事業有限公司
地址	台北市基隆路二段13-1號3樓
電話	02-2345-3868
傳真	02-2345-3828
劃撥帳號	19234566朱雀文化事業有限公司
e-mail	redbook@ms26.hinet.net
網址	http://redbook.com.tw
總經銷	成陽出版股份有限公司
ISBN	978-986-6780-88-2
初版一刷	2011.04
定價	320元 / 港幣HK$88

國家圖書館出版品預行編目

小關鈴子的自然風拼布
——點點、條紋、花樣圖案的居家與戶外生活雜貨
小關鈴子著 ---- 初版 ----
台北市：朱雀文化，2011（民100）
面：公分 ----（Hands031）
ISBN 978-986-6780-88-2
1. 拼布藝術 2. 手工藝
426.7   100003944

港澳地區授權出版：知出版社
地址：香港筲箕灣耀興道3號東匯廣場9樓902室
電話：（852）2976-6580
傳真：（852）2597-4003
網站：http://www.cogpublishing.com
　　　http://www.formspub.com
　　　http://www.facebook.com/formspub
港澳地區代理發行：香港聯合書刊物流有限公司
地址：香港新界大埔汀麗路36號
　　　中華商務印刷大廈3字樓
電話：（852）2150-2100
傳真：（852）2407-3062
電郵Email：info@suplogistics.com.hk
ISBN：978-988-8103-23-2
出版日期：二零一一年四月第一次印刷

QUILT DE TSUDURU HIBI by Suzuko Koseki
Copyright © Suzuko Koseki 2008
All rights reserved.
Original Japanese edition published by
EDUCATIONAL FOUNDATION BUNKA GAKUEN BUNKA PUBLISHING BUREAU.
This Traditional Chinese language edition published by arrangement with
EDUCATIONAL FOUNDATION BUNKA GAKUEN BUNKA PUBLISHING BUREAU,
Tokyo in care of Tuttle-Mori Agency, Inc., Tokyo
through LEE's Literary Agency, Taipei.